BEI GRIN MACHT SICH IHR WISSEN BEZAHLT

- Wir veröffentlichen Ihre Hausarbeit,
  Bachelor- und Masterarbeit

- Ihr eigenes eBook und Buch -
  weltweit in allen wichtigen Shops

- Verdienen Sie an jedem Verkauf

Jetzt bei www.GRIN.com hochladen
und kostenlos publizieren

Anpassungsstrategien der Stadt an den Klimawandel

(Unterrichtsentwurf, Geographie, Realschule Bayern, 9. Klasse)

Leonard Rothenfeld

Bibliografische Information der Deutschen Nationalbibliothek:

Die Deutsche Nationalbibliothek verzeichnet diese Publikation in der Deutschen Nationalbibliografie; detaillierte bibliografische Daten sind im Internet über http://dnb.d-nb.de abrufbar.

ISBN: 9783389090497
Dieses Buch ist auch als E-Book erhältlich.

© GRIN Publishing GmbH
Trappentreustraße 1
80339 München

Druck und Bindung: Books on Demand GmbH, Norderstedt Germany
Gedruckt auf säurefreiem Papier aus verantwortungsvollen Quellen

Das Buch bei GRIN: https://www.grin.com/document/1520255

UNTERRICHTSENTWURF: ANPASSUNGSSTRATEGIEN DER STADT AN DEN KLIMA-WANDEL

Seminar: Globale Strukturen

Sommersemester 2021

Inhaltsverzeichnis

1. Fachwissenschaftlicher Teil

Aktuelle Extremwetterereignisse (Stand: Juli 2021) wie die großflächigen Überschwemmungen in vielen Teilen Deutschlands einschließlich der Region Hof/Bayreuth zeigen es immer wieder: Der Klimawandel ist allgegenwärtig und eine ernstzunehmende Bedrohung. Die Ausmaße sind verheerend für alle Beteiligten. Welche Größe dies annehmen kann, zeigen die aktuellen Bilder. Flora und Fauna, Gebäude und Infrastrukturen, teilweise ganze Orte, wurden wortwörtlich dem Erdboden gleich gemacht… Um sich in Zukunft besser schützen und langfristig dem Klimawandel entgegenwirken zu können, müssen sich vor allem Städte und Gemeinden intensiv mit der Thematik beschäftigen und mit Strategien aufkommen, um sich an diesen anzupassen.

Der Zusammenhang zwischen Klimawandel und Extremwetterereignissen
Überall auf der Welt gibt es sie: Extremwetterereignisse. Sturmfluten, Tornados, Hurrikans, Hitzewellen, Starkregen, uvm. wüten von Zeit zu Zeit über die Erde und hinterlassen meist eine Spur der Verwüstung. Dass diese in den letzten Jahren vermehrt durch die globale Erderwärmung auftreten, ist wissenschaftlich belegt (Schwanke et al. 154). Im exemplarischen Beispiel vom verstärkten Auftreten von Tornados (Schmidt 137), würde sich das wie folgt erklären lassen:
Für die Entstehung von Tornados ist die Wassertemperatur des Meeres von entscheidender Bedeutung. Die oberste Schicht muss mindestens 26 Grad Celsius betragen, damit diese Energie in Wind und Wellen umgewandelt werden kann (Schwanke et al., 101). Je wärmer das Wasser dabei ist, desto langlebiger, größer und kräftiger werden die tropischen Stürme. Mit der anhaltenden Erwärmung der Erde steigt auch die Wassertemperatur und somit die Gefahr, dass diese neue Gebiete (einschließlich Europa) erreichen werden.
Wie Aufzeichnungen zeigen, wird Europa meist nicht von Einzelnen, sondern von einer Reihe an Winterstürmen heimgesucht. Zum Beispiel zur Jahrtausendwende, als gleich drei Stürme in kurzem Abstand über Europa hinwegzogen. Dies war der Tatsache geschuldet, dass der Winter eher mild war und deswegen kein Hochdruckgebiet als Schutzwall dienen konnte. In kalten Wintern dient ein Hochdruckgebiet über Europas Osten nämlich als eine Art Barrikade zwischen Atlantik und dem Kontinent. Die herannahenden Sturmtiefs werden aufgehalten. Im Zuge des Klimawandels und der damit einhergehenden Erwärmung der Erde werden auch die Winter verhältnismäßig

wärmer und weniger Schnee wird fallen. Ohne den Schnee gibt es also kein Kältehoch und damit keinen Schutzwall mehr (Schwanke et al. 92f).

Zusätzlich dazu wird sich die Niederschlagsmenge in unseren Breiten deutlich erhöhen, denn eine warme Atmosphäre kann wesentlich mehr Wasser in Form von Wasserdampf aufnehmen. Als Folge dessen kommt es vermehrt zu „sintflutartigen Regenfällen" (ebd. 102) in Europa.

Das Autorenteam der Fachzeitschrift „Geophysical Research Letters" rund um Reindert J. Haarsma hat zudem mit einem eigens entwickelten Klimamodell bestätigt, dass in Westeuropa mit einer deutlichen Zunahme an Wirbelstürmen zu rechnen ist. Diese Tropischen Wirbelstürme werden künftig im östlichen Teil des Nordatlantiks entstehen, eben weil die Meeresoberflächentemperatur nun auch hier die erforderliche Mindesttemperatur erreicht (Haarsma 1783).

Zudem werden sich die bisherigen Sturmbahnen für Europa nachteilig verändern. Bisher verlaufen diese Richtung Nordwesten.

> Allerdings „erhöht sich die Wahrscheinlichkeit, dass die Hurrikan-Sturmbahnen bis in die mittleren Breiten reichen und dann von den dort vorherrschenden Westwinden in nordöstliche Richtung getrieben werden" (ebd.).

Wie aus der Zeitschrift hervorgeht sind zwei Gewässer besonders betroffen:

> „Die Anzahl von Stürmen in Hurrikan-Stärke (> 32,6 m/sec) wird sich in der Nordsee und im Golf von Biscaya im frühen Herbst (August-Oktober) zusammengenommen von 2 auf 13 erhöhen" (Kasang o.S.).

In Deutschland sind es vor allem „Stürme[], extreme[] Hitze und Trockenheit, Starkniederschläge[] und damit häufig einhergehende[] Überschwemmungen" (BMU o.S.), die die Gesellschaft bedrohen.

Auswirkungen auf Städte

Besonders deutlich sind die Folgen des Klimawandels in Städten zu beobachten, da hier „hohe Bevölkerungs-, Infrastruktur- und Bebauungsdichte zusammenkommen" (Knieling 10) und diese durch Umstände wie schlechte Infrastruktur, geringer Finanzhaushalt, … teilweise schon vulnerabel sind. (UCCRN 78)

Gerade die aktuell andauernden Starkregenereignisse (Stand: Juli/August 2021) bergen Gefahren für wassernahe Anwohner. Weltweit zählt Hochwasser durch den Klimawandel zu den am risikobehaftetsten Ereignissen überhaupt. Denn der Anstieg des Meeresspiegels sorgt für mehr Hochwasserrisikogebiete, in denen Menschen dann den Gefahren und Risiken ausgesetzt sind. Bei einem halben Meter wären das bereits ein Anstieg um das Dreifache. (Knieling 10)

Doch auch in Sachen Treibhausgasen spielen Städte eine wichtige Rolle. Sie zählen mit zu den Haupt-Emittenten von CO2 (DW o.S.). Gerade deshalb ist es wichtig Städte gezielt nachhaltig zu machen, um der globalen Erderwärmung entgegenzuwirken. Hierfür gebiet es viele Möglichkeiten, die später gesondert erläutert werden.

Diese Bemühungen sind Teil der *Sustainable Development Goals* (SDGs) (dt.: *Ziele für nachhaltige Entwicklung*) der Agenda 2030, welche 17 Ziele für eine nachhaltige Entwicklung in den Bereichen Wirtschaft, Sozial und Ökologie anstrebt. Die Vereinten Nationen haben sich verpflichtend an dessen Umsetzungen zu beteiligen. (Schreiber und Siege 10)

Die Anpassungsstrategien von Städten an den Klimawandel lassen sich dabei in den Teilzielen des SDG 11 „Nachhaltige Städte und Siedlungen" (Agenda 2030: Wo steht die Welt) wiederfinden (BMZ o.S.). In Deutschland geschieht dies unter dem politischen Rahmen der *Deutsche[n] Anpassungsstrategie[n] an den Klimawandel (DAS)*, geleitet und unterstützt durch das Umweltbundesamt. (Dümecke 10)

Im Folgenden werden die Auswirkungen des Klimawandels auf bestimmte Sektoren innerhalb einer Stadt exemplarisch näher betrachtet und im darauffolgenden Kapitel erläutert, welche Strategien Kommunen letztendlich anwenden können, um sich den kommenden Herausforderungen durch den Klimawandel zu stellen. Diese gelten auch für die Region Bayreuth und werden deshalb nicht gesondert aufgeführt.

Auswirkungen auf bestimmte Sektoren

○ Verkehr und Mobilität

Wie seit Wochen in den Medien zu sehen ist, haben Extremwetterereignisse starke Auswirkungen auf die öffentliche Infrastruktur (Piel). Hochwasser setzt ganze Autobahnen unter Wasser, Schienen werden überflutet, Straßen werden zu reißenden Bächen (Tagesschau). Dies legt nicht nur die Wirtschaft vor Ort, sondern auch das soziale Leben lahm.

○ Stadt- und Freiraumplanung

Durch die häufig dichte Bebauung und wenig Grünflachen in Großstädten spüren die Bürgerinnen und Bürger hier besonders oft die Auswirkungen des Klimawandels: Hohe Lufttemperaturen und CO2-Emissionen, die nicht mit frischer Luft zirkulieren können, welche häufig zu Wärmeinseln führen, die wiederum das Wohlbefinden der Anwohner sinken lässt (Dümecke 77). Hitzewellen können zudem zu Wasserknappheit in der Stadt führen, während Starkregen, auf Grund von versiegelten Flächen, als Oberflächenabfluss nicht richtig abfließen kann (ebd.).

○ Hochwasserschutz

Der Klimawandel hat einen großen Einfluss auf den Wasserhaushalt. Während in Hitzeperioden Wassermangel zu erwarten ist, kann auch Starkregen jederzeit für Probleme sorgen. Unter anderem kann das Grundwasser verunreinigt werden, was wiederum Auswirkungen auf die örtliche Frischwasserversorgung hat (UBA). Zudem führt eine erhöhte Wassertemperatur zur negativen Veränderung der Wasserbiologie (Deutscher Städtetag 17). Grundsätzlich hängt die von Überschwemmungen ausgehende Gefahr aber von den Eigenschaften des Flusses ab (Dümecke 45)

○ Tourismus

Die Auswirkungen des Klimawandels auf den Tourismus sind sehr unterschiedlich. Während der Sommertourismus von steigenden Temperaturen profitiert, leidet insbesondere der Wintertourismus unter den Folgen (Dümecke 69). Steigende Durchschnittstemperaturen und geringer Niederschlag sorgen zum Beispiel für wenig Neuschnee innerhalb der Skigebiete, was Touristen von den Skigebieten fernhält. Beschneiungsanlagen bieten zwar eine kleine Abhilfe, sind auf Dauer aber unwirtschaftlich und nicht besonders umweltfreundlich (UBA).

○ Bauwesen

Auch im Bauwesen hinterlässt der Klimawandel seine Spuren. Bauplaner müssen Umweltkriterien mehr denn je berücksichtigen, Gebäude extremen Wetterereignissen anpassen und vieles mehr (UBA Bauwesen).

Maßnahmen in bestimmten Sektoren

○ <u>Verkehr und Mobilität</u>

Im Bereich Verkehr spielt die CO2-Einsparung eine große Rolle. Um dies zu erreichen, sollte der Güterverkehr größtenteils auf die Schienen verlegt werden. Gerade lange Autobahnfahrten mit LKWs werden so durch erneuerbare Energien angetriebene Zugfahrten ersetzt (Dümecke 62). Ebenso ist diese Entwicklung im öffentlichen Nahverkehr (ÖPNV) zu unterstützen. Durch die Steigerung der Attraktivität und dem Ausbau dessen, findet einer Verlagerung weg vom Auto hin zum ÖPNV statt. Denn gerade in den heißen Sommermonaten meiden viele Menschen den Nahverkehr und greifen zum Auto, was die Schadstoffwerte enorm steigen lässt. (Deutscher Städtetag 15) Um diesem Problem entgegenzuwirken, wurden in Nordhessen Haltestellen mit „Sonnenschutzfolien versehen, um so Wartende vor der Sonne zu schützen" (Dümecke 66). Diese Maßnahme soll zur Attraktivität des ÖPNV beitragen, empirische Beweise liegen hierzu aber nicht vor. Klimatisierte Fahrzeuge, temporäre Fahrverbote, klimangepasste Verkehrsinfrastrukturen und Fahrradwege sind nur wenige Beispiele für weitere Maßnahmen, die im Verkehrswesen umgesetzt werden können.

○ <u>Stadt- und Freiraumplanung</u>

Bei jeder baulichen Planung sollte von Anfang an darauf geachtet werden, dass genügend Platz für Grünflächen mit einer reichen Flora und Fauna reserviert werden (Deutscher Städtetag 10). So werden Wärmeinseln verhindert, die Durchlüftung sichergestellt, und Städte können langfristig und zukunftssicher nachhaltig gestaltet werden. Ein Beispiel hierfür wäre der Krupp-Park in Essen, der extra zur Vermeidung von Wärmeinseln und Versorgung mit kalter, frischer Luft angelegt wurde. Auch Flora und Fauna können sich hier prächtig entwickeln (Dümecke 78). Zusätzlich, auch rückwirkend, sorgt eine Begrünung von Dächern, Fassaden, Kreisverkehren & Co. für ein ökologischeres, kühleres Stadtklima (UBA).

Um Städte künftig vor Überschwemmungen durch Regenwasser zu schützen, darf nur noch eine geringe Flächenversiegelung stattfinden. So kann das Wasser ungehindert im Boden versickern und eventuell in unterirdischen Bewässerungssystemen regenerativ genutzt werden. Schäden durch Überflutungen werden eingedämmt und die Umwelt durch die Nichtnutzung von Leitungswasser geschont (ebd., Deutscher Städtetag 11). Auch hier geht der Krupp-Park in Essen mit gutem Beispiel voran, denn sämtliches Regenwasser wird zum eigens angelegten See geleitet (Dümecke 78).

○ Hochwasserschutz

Immer wieder zeigen katastrophale Ereignisse wie die landesweiten Überflutungen vom Juli 2021, wie wichtig Hochwasserschutz ist. Bei der Planung auf regionaler Ebene sind von vornherein Rücklauf- und Abflussflächen für Wassermassen einzuplanen, sowie gegebenenfalls Staumöglichkeiten. Im Nachhinein ist es möglich, „technische Anlagen wie Deiche, Flutschutzwände und Dämme" (Dümecke 46) aufzubauen, die die potenziellen Schäden mindern. (UBA) Flächenversiegelung sollt wenn möglich verhindert werden, um die wichtige natürliche Versickerung nicht zu unterbinden, sowie „ausreichend breite Auen und Gewässerquerschnitte, [die] ebenfalls zur Reduzierung des Überflutungsrisikos beitragen [können]" (UBA). Frühwarnsysteme können zusätzlich helfen, Wasserpegel konstant zu überprüfen und im Ernstfall die Bevölkerung frühzeitig zu evakuieren (Deutscher Städtetag 18).

○ Tourismus

Eine erste Maßnahme, die auch wenn nur eine Übergangslösung darstellt, ist die künstliche Beschneiung der Skigebiete. So wird zumindest teilweise sichergestellt, dass Touristen die Destinationen besuchen und die Wirtschaft dadurch ankurbeln. (UBA) Für viele Wintersportorte sind nichtsdestotrotz alternative Angebote die Absicherung für die Zukunft. „Winterspaziergänge und -wandern, Fitness, Wellness und Indoor-Aktivitäten" (UBA) sind hierbei nur eine kleine Auswahl an attraktiven Alternativen, die allesamt auch im Sinne des nachhaltigen Tourismus angeboten werden. Ein Beispiel aus der Region ist das Fichtelgebirge. Einst als reines Wintersportgebiet bekannt, glänzt es heute mit „Downhill-Strecken für Mountainbiker, ein[em] Nordic-Walking-Zentrum und eine[r] (Ski-)Rollerbahn" (Dümecke 70).

○ Bauwesen

Um Gebäude vor großen Wassermassen zu schützen, sollten Eingangsbereiche ebenerdig und mit Aufkantungen gestaltet werden. Bereits kleinere Hindernisse hindern Wasser am willkürlichen Fließen, ebenso bepflanzte Dächer. Ebenso sollten überall Abflüsse für den Notfall installiert sein, die in das örtliche Wassernetz speisen. Neubauten in Hochwassergebieten sollten zudem aus Sicherheitsgründen auf Kellerräume verzichten und auf Stelzen gebaut werden (UBA). In den Niederlanden, wo ein Viertel des Landes unter Wasser liegt, leben viele Menschen bereits auf Hausbooten.

Diese sind resistent gegenüber den größten Problemen des Klimawandels, wie dem Anstieg des Meeresspiegels und Überflutungen. (Aufmkolk)

Die Maßnahmen im Bauwesen sind schier unbegrenzt, werden aber aus Gründen des Platzes hier nicht weiter aufgeführt.

2. Fachdidaktischer Teil

2.1. Einordnung der Unterrichtseinheit in die Sequenz

Geo 9 Realschule

LB 4 – Städtische Siedlungs- und Lebensräume

In den beiden Vorstunden wurden die Themen *Gentrifizierung und Suburbanisierung am Beispiel Berlin* besprochen, und damit auch der Grundstein für die weitere Arbeit mit dem Themengebiet „Stadt" gelegt. Die nachfolgende Stunde *Bevölkerungszusammensetzung in Deutschland* ist dann gleichzeitig auch die erste Stunde im neuen Lernbereich 5 – Bevölkerung und Bevölkerungspolitik.

Der gesamte Lernbereich 4 ist im Lehrplan mit 8 Stunden angegeben, von dem eine Doppelstunde auf das Thema *Anpassungsstrategien der Stadt an den Klimawandel* entfällt.

An Vorwissen, aus ihrem Alltag, sowie dem Lernbereich 2 – Klima und Klimawandel, besitzen die Schülerinnen und Schüler (SuS) umfassend Kenntnisse über den Klimawandel (Ursachen, Auswirkungen, …). Aus den Vorstunden des LB 4 kennen sie bereits die wichtigsten Funktionen, damit auch Sektoren, einer Stadt, die in dieser Unterrichtsstunde von Bedeutung sind. Zusätzlich haben die SuS im LB 1 – Landschaft und Naturrisiken bereits die in der heutigen Stunde wichtige Wechselwirkung zwischen Bodenversiegelung und Hochwasser kennengelernt (ISB 2021).

In Sachen Methodenwissen sind die SuS mit der Präsentationstechnik *Pecha Kucha* bestens vertraut.

Sequenzplanung:

1. / 2. Stunde: *Städtische Siedlungsräume*

3. / 4. Stunde: *Funktionen einer Stadt am Beispiel München, London und Tokio*

5. / 6. Stunde: *Gentrifizierung und Suburbanisierung am Beispiel Berlin*

7. / 8. Stunde: *Anpassungsstrategien der Stadt an den Klimawandel*

2.2. Didaktische Analyse

2.2.1. Lehrplanbezug

Für die 9. Jahrgangsstufe sieht der LehrplanPLUS für die Realschulen in Bayern im Lernbereich 4 (Städtische Siedlungs- und Lebensräume) hinsichtlich der Kompetenzerwartung vor, dass die SuS „[…] die Herausforderungen nachhaltiger Stadtentwicklung [beschreiben und bewerten]" (ISB 2021) und inhaltlich zu dieser Kompetenzerwartung die „**nachhaltige Stadt**entwicklung" (ebd.) im Unterricht behandelt wird. Die Kompetenzbereiche, die in dieser Stunde abgedeckt werden (sollen), sind zum einen die „[p]rozessbezogene[n] Kompetenzen: in Fachkonzepten denken | sich räumlich orientieren | kommunizieren | beurteilen und bewerten" (ISB 2021), sowie die „Gegenstandsbereiche: Mensch | Umwelt | Raum | Erde" (ISB 2021).

Am Ende der 9. Jahrgangsstufe sollen die SuS laut Lehrplan folgende grundlegende Kompetenzen erworben haben:

> „Die Schülerinnen und Schüler recherchieren und analysieren zunehmend selbständig Zusammenhänge innerhalb natur- und humangeographischer Prozesse (z. B. […] Klimawandel […]). Dabei erläutern sie auf unterschiedlichen Maßstabsebenen (Deutschland […]) deren Auswirkungen auf die Lebens- und Wirtschaftsbedingungen des Menschen ([…] Umgang mit Naturrisiken […])." (ISB 2021)

Genau hier setzt die heutige Stunde an. Sie beschäftigt sich mit den verschiedenen Möglichkeiten der Anpassung einer Stadt an den Klimawandel und wie man diese dadurch langfristig nachhaltig gestalten kann. Dabei müssen die Herausforderungen bei der Umsetzung von den SuS erarbeitet, bewertet und diskutiert werden, was sich mit den geforderten Kompetenzerwartungen deckt.

Um das Thema schülergerecht zu gestalten, werden unter anderem der Jahrgangsstufe angepasste Materialien zur Verfügung gestellt. Diese sind leicht verständlich, intuitiv bedienbar und enthalten keine schwierigeren Fachbegriffe, welche den SuS nicht bekannt sind. Durch die primäre Nutzung von Gruppenarbeit ist es ihnen zudem möglich, sich eigenständig mit dem Thema auseinanderzusetzen und somit Wissen aktiv anzueignen und zu verstehen. Bei Bedarf können sie sich in der Gruppe unterstützen oder bei Google informieren.

<u>Grobziel</u>:

Die SuS setzen sich mit städtischen Anpassungsstrategien an den Klimawandel auseinander.

<u>Feinziele</u>:

1. Die SuS nennen persönliche Erfahrungen im Zusammenhang mit extremen Wetterereignissen. (AFB 1 / KB Kommunikation)
2. Die SuS stellen den Zusammenhang zwischen extremen Wetterereignissen und Klimawandel dar. (AFB 2 / KB F)
3. Die SuS erklären anhand von Textmaterial die Maßnahmen der Anpassung an den Klimawandel in Städten beziehungsweise Regionen. (AFB 2 / KB F)
4. Die SuS entwickeln Anpassungsstrategien für die Gegebenheiten ihrer Stadt oder Region, indem sie das Wissen über die Maßnahmen anwenden. (AFB 3 / KB Handlung)
5. Die SuS erstellen eine Mind-Map, in der die Ergebnisse festgehalten werden. (AFB 2 / KB E/M)

2.4. Methodische Analyse

Vorwort Klassensituation: Diese Klasse ist seit Jahren vollends mit iPads ausgestattet und fest in den Unterricht eingebunden. Das heißt, im Unterricht wird weitestgehend auf Papier verzichtet. Im Sinne dessen ist diese Stunde auch nach Puentedura´s SAMR-Modell komplett auf das Digitale Lehren und Lernen ausgelegt.

Die Doppelstunde **beginnt** im Plenum mit einem stummen Impuls in Form eines YouTube-Videos. Dafür spielt die Lehrkraft (L) das im miroboard (M2) hinterlegte Video der Tagesschau (M1) über das Whiteboard und iPad ab. Das Einstiegsvideo über Starkregen wurde bewusst auf Grund seiner aktuellen Bedeutsamkeit, auch im Alltag der SuS, ausgewählt und wegen der besseren Anschaulichkeit der Auswirkungen bloßen Bildern vorgezogen. Die beiden Kernthemen des Videos (*Klimawandel* und *Extremwetter*) entsprechen Thematiken, die zum einen weltbedeutsam, aber auch vor allem in der Welt der jüngeren Generation eine Rolle spielen. Die SuS sollen nach dem aufmerksamen Schauen des Videomaterials im Lehrer-Schüler-Gespräch (LGS) die Kernbotschaft in eigenen Worten zusammenfassen. Dabei sollen sie erkannt haben, dass der Klimawandel verantwortlich für den Starkregen der vergangenen Wochen ist. Die L fragt so lange in der Klasse, bis die Lösung gefallen ist. Dies sollte aber nicht länger als 1 – 3 Schüler*innen dauern. Durch das Fragen ins Plenum werden alle SuS angesprochen, sodass keiner bewusst „abschalten" kann. Alle Schüler*innen werden aktiviert.

In der **1. Erarbeitungsphase** fragt die L ins Plenum, erneut im LGS, welche Extremwetterereignisse die SuS kennen oder selbst schon erlebt haben und welche Auswirkungen diese auf Mensch und Umwelt haben. Auf Grund der breiten medialen Abdeckung der Überflutungen der letzten Wochen, sollte hier als mögliche Antwort eben dieses Wetterereignis „Starkregen" und dessen Auswirkungen „Zerstörung von Häusern, Straßen, ..." exemplarisch genannt werden. Weitere Antworten wie „Tornados", „Hagel" oder „Hitzewellen" und „Waldbrände" oder „entwurzelte Bäume" sind ebenfalls denkbar. Sollten die SuS nicht weiterwissen und keine Ideen mehr haben, zeigt die L alternativ als Gedankenanstoß die Bilder im miroboard unter *Beispiele Wetterextreme*.

Die L schreibt dann parallel über das iPad die Antworten der Schüler in die Tabelle im miroboard mit, was gleichzeitig auch die **Sicherungsphase I** darstellt. So sollen lange Pausen zwischen den einzelnen Schülerantworten vermieden, und der Gesprächsfluss aufrechterhalten werden.

Die **Erarbeitungsphase II**, die gleichzeitig den Großteil der Stunde darstellt, beginnt mit einer zufälligen Einteilung der SuS in fünf Kleingruppen (Tourismus, Verkehr, Bauwesen, Stadt- und Freiraumplanung, Hochwasservorsorge). Hierzu zählt die L durch die Reihen durch. So wird vermieden, das Schüler*innen bei der Gruppenwahl sozial ausgeschlossen und Sektoren unfair verteil werden. Zusätzlich stärkt die Zufälligkeit und somit auch die Gruppenarbeit an sich, die Klassengemeinschaft und die soziale Kompetenz der Teamfähigkeit. Aus diesem Grund wird auf eine Einzel- oder Partnerarbeit verzichtet. Die SuS setzten sich nun mit ihren iPads zusammen und ab hier tritt die L tritt in den Hintergrund. Die SuS erarbeiten nun selbstständig und eigenverantwortlich ihre Antworten, weshalb auch diese Sozialform hier den anderen vorgezogen wird. Die L teilt anschließend nur noch den Link für das miroboard (M2), dessen die SuS auch die Arbeitsaufträge und entsprechenden Materialien (M3) entnehmen, sowie die Anweisung, die Ergebnisse in der gemeinsamen Mind-Map festzuhalten. Auch der

Hinweis auf die ihnen bekannte anschließende Präsentation via Pecha Kucha wird gegeben. Die SuS erarbeiten nun circa 60 Minuten lang in Gruppenarbeit, die im miroboard genannten Forschungsfragen. Dazu stehen ihnen verschiedenen Materialien zur Verfügung, die alle per Hyperlink erreichbar sind. Wie bereits zuvor genannt, wird in dieser Klasse aus u.a. Umweltgründen auf Papier verzichtet. Die SuS teilen sich im Idealfall die verschiedenen für sie relevanten Materialien auf, wobei jeder Gruppe das Vorgehen natürlich selbst überlassen ist.

Die Ergebnissicherung (**Sicherung II**) erfolgt, wie bereits genannt, während der eigentlichen Erarbeitungsphase II. Die Ergebnisse der Gruppen werden kontinuierlich in eine Mind-Map im miroboard eingetragen. So geht am Ende keine unnötige Zeit verloren, wenn alle anderen SuS erst an diesem Punkt alle Stichpunkte mitschreiben sollten. Durch das gemeinsame Board haben alle SuS zu jeder Zeit alles gleich und sie können sich auf die eigentliche Präsentation konzentrieren. Im Sinne der Einheitlichkeit der Hefteinträge und Nicht-Ablenkung durch gleichzeitiges Schreiben und Zuhören, findet diese Vorgehensweise so Verwendung.
Ein weiterer Teil dieser Sicherungsphase ist die Ergebnispräsentation mit Pecha Kucha im Plenum. Bei dieser Methode stellen die SuS mit Hilfe von Bildern ihre neugewonnen Erkenntnisse den Mitschülern vor. Dazu haben sich die SuS schon während der 2. Erarbeitungsphase 3 Bilder herausgesucht, anhand derer sie dann genau 40 Sekunden je Bild erklären, was sie herausgefunden haben. Dazu teilen die SuS via Apple AirPlay und auf Anweisung der L ihre Bilder mit dem Whiteboard. Nach 40 Sekunden gibt es einen fliegenden Wechsel zum nächsten Bild. Dies wird mit jeder Gruppe so durchgeführt, bis alle präsentiert haben. Diese Methode hat den Vorteil, dass die Ergebnisse a) nicht starr abgelesen werden, b) veranschaulicht werden, was für die Mitschüler eventuell greifbarer ist und c) durch den/die Schüler/in auf den Punkt gebracht und somit insgesamt zeitlich planbarer für die L ist.

Nachdem alle Gruppen präsentiert haben, beginnt die dritte und letzte **Erarbeitungsphase (III)**. Im Plenum gibt die L einen Impuls durch die Frage: „Welche der vorgestellten Maßnahmen [*die währenddessen auf dem Whiteboard eingeblendet bleiben*] wären auch in Bayreuth denkbar oder sind sogar schon umgesetzt?". Daraufhin ergibt sich ein reines Schüler- oder Lehrer-Schüler-Gespräch (je nach Zeitfortschritt). Die Sozialform Plenum wird gewählt, um einen gemeinsamen Abschluss der

Gruppenarbeiten (GA) zu symbolisieren, da nun alle SuS über alle Sektoren Wissen besitzen und eine GA nicht mehr sinnvoll ist. Die L dient hier nur als Moderator*in der Diskussion. Einen aktiven Impuls zu geben ist auf Grund der Jahrgangsstufe und dem Vorwissen nicht nötig.

Die einzelnen diskutierten Maßnahmen werden nun wieder, durch den entsprechenden Schüler mit Hilfe des iPads, in eine neue Mind-Map im miroboard eingetragen werden und parallel am Whiteboard für das Plenum sichtbar (**Sicherung III**). Dadurch, dass nicht alle SuS Mitschreiben, bleibt die Diskussion am Leben und wird nicht durch Schreiben unterbrochen.

Merkt die L, dass es ruhiger mit Meldungen im Klassenverband wird oder die Zeit weit fortgeschritten ist, gibt sie die Anweisung, einen Screenshot der Mind-Maps, sowie den Link zum miroboard, auf dem eigenen iPads abzuspeichern. Die **Gesamtsicherung** im eigentlichen Sinne erfolgt bei dieser Stunde durchgehend während der gesamten Stunde durch das Eintragen ins miroboard.

2.5. Tabellarische Übersicht über den Stundenverlauf

Phase	Lern-ziele	Fachlicher Inhalt	Sozial-form	Medien
Einstieg	LZ1, LZ2	Die SuS erschließen durch ein Video, dass der Klimawandel verantwortlich für die Überschwemmungen der letzten Wochen ist. Sie stellen sodann einen Zusammenhang zwischen dem Klimawandel und Extremwetterereignissen her.	Plenum	Whiteboard miroboard (M2) Video (M1) iPad
Erarbeitung I	LZ1, LZ2	Auf Nachfrage durch die Lehrkraft nennen die SuS extreme Wetterereignisse, die sie schon kennen und/oder selbst erlebt haben. Daraufhin sollen mögliche Auswirkungen solcher Ereignisse genannt werden.	Plenum	Whiteboard Miroboard iPad
Sicherung I		Die Lehrkraft schreibt die Ergebnisse in die Tabelle im miroboard.	Plenum	Whiteboard miroboard iPad
Erarbeitung II	LZ3, LZ5	In fünf verschiedenen Gruppen (Tourismus, Verkehr, Bauwesen, Stadt- und Freiraumplanung, Hochwasservorsorge) erarbeiten die SuS jeweils mit Material, welche problematischen Auswirkungen und grundlegenden Anpassungsmaßnahmen in den einzelnen Sektoren genannt werden.	Gruppen-arbeit	miroboard iPad Links (M3)
Sicherung II	LZ5	Die Ergebnisse sichern die Gruppen während der EA II-Phase im miroboard und stellen diese im Anschluss im Plenum vor. Dafür wird die Präsentationstechnik Petcha Kucha verwendet.	Gruppen-arbeit Plenum	Whiteboard miroboard iPad

Erarbeitung III	LZ4	Die SuS überlegen und diskutieren gemeinsam, welche der vorgestellten Maßnahmen auch in Bayreuth denkbar wären oder sogar schon umgesetzt sind. Dabei sind die jeweiligen Gruppen Experten für ihre Sektoren, jeder darf/soll aber zu jedem Bereich etwas sagen.	Plenum	Whiteboard miroboard
Sicherung III	LZ5	Die Ergebnisse werden vom jeweiligen Schüler ins miroboard in einer Mind-Map eingetragen.	Plenum	Whiteboard miroboard iPad
Gesamtsiche-rung		Die Gesamtsicherung erfolgt kontinuierlich durch die Stunde durch die Eintragungen ins gemeinsame miroboard. Die SuS speichern am Ende eine finale Kopie des miroboards auf ihren iPads ab.	Gruppen-arbeit	iPad

3. Literaturverzeichnis

Aufmkolk, Almuth Roehrl. „Zukunft des Wohnens: Schwimmende Häuser". *Wohnen - Gesellschaft - Planet Wissen*, 10. August 2021, www.planet-wissen.de/gesellschaft/wohnen/zukunft_des_wohnens/schwimmende-haeuser-102.html.

BMZ. „SDG 11: Nachhaltige Städte und Gemeinden". *Bundesministerium für wirtschaftliche Zusammenarbeit und Entwicklung*, www.bmz.de/de/agenda-2030/sdg-11#anc=erreichen. Zugegriffen 11. August 2021.

Bundesumweltministeriums. „Extremwetterereignisse". *BMU*, 2018, www.bmu.de/themen/gesundheit-chemikalien/gesundheit-und-umwelt/gesundheit-im-klimawandel/extremwetterereignisse.

Deutsche Welle (www.dw.com). „Städte entscheiden Kampf gegen den Klimawandel". *DW.COM*, www.dw.com/de/st%C3%A4dte-spielen-zentrale-rolle-beim-kampf-gegen-klimawandel/a-50480509. Zugegriffen 11. August 2021.

Deutscher Städtetag, Herausgeber. *Anpassung an den Klimawandel in den Städten - Forderungen, Hinweise und Anregungen*. Springer, 2019.

Dümecke, Carolin, u. a. *Handbuch zur guten Praxis der Anpassung an den Klimawandel*. KomPass, Kompetenzzentrum Klimafolgen und Anpassung, 2013, www.umweltbundesamt.de/sites/default/files/medien/364/publikationen/uba_handbuch_gute_praxis_web-bf_0.pdf.

Haarsma, Reindert J., u. a. „More hurricanes to hit western Europe due to global warming". *Geophysical Research Letters*, Bd. 40, Nr. 9, 2013, S. 1783–88. *Crossref*, doi:10.1002/grl.50360.

Kasang, Dieter. „Tropische Wirbelstürme in Europa?" *hamburg.de*, bildungsser-ver.hamburg.de/wetterextreme-klimawandel/11574434/tropische-wirbelstu-erme/#addToCockpit. Zugegriffen 11. August 2021.

Müller, Bernhard und Jörg Knieling. „Folgen des Klimawandels und Konsequenzen für Städte und Regionen". *Klimaanpassung in Städten und Regionen Handlungsfelder und Fragestellungen aus Sicht der Stadt- und Regionalentwicklung*, Oekom Verlag GmbH, 2015, S. 9–14. *Content-Select*, content-select.com/de/portal/media/view/54f5a15b-1638-463c-90a3-0bafb0dd2d03.

Piel, Hansjürgen Berlin. „Flutschäden bei der Bahn: Eine erste Bilanz". *Flutschäden bei der Bahn: Eine erste Bilanz - ZDFheute*, 23. Juli 2021, www.zdf.de/nachrichten/panorama/hochwasser-bahn-schaeden-gleise-100.html.

Schmidt, Silvio, u. a. „Bereinigung sozioökonomischer Effekte bei Schäden tropischer Wirbelstürme für eine Analyse zum Einfluss des Klimawandels". *Vierteljahrshefte zur Wirtschaftsforschung*, Bd. 77, Nr. 4, 2008, S. 116–39. *Crossref*, doi:10.3790/vjh.77.4.116.

Schreiber, Joerg-Robert und Hannes Siege. *Orientierungsrahmen der Kultusministerkonferenz: Orientierungsrahmen „Globale Entwicklung" - Buch*. 2., Cornelsen Verlag, 2016.

Schwanke, Karsten, u. a. *Naturkatastrophen: Wirbelstürme, Beben, Vulkanausbrü-*

che - Entfesselte Gewalten und ihre Folgen. 2., vollst. erw. u. überarb. Aufl.

2009, Springer, 2009.

Tagesschau. „Neue Unwetter: Keller überflutet, Straßen unter Wasser". *tages-*

schau.de, 9. Juli 2021, www.tagesschau.de/inland/unwetter-deutschland-

135.html.

UBA. „Handlungsfeld Tourismus". *Umweltbundesamt*, 26. November 2020, www.um-

weltbundesamt.de/themen/klima-energie/klimafolgen-anpassung/anpassung-

an-den-klimawandel/anpassung-auf-laenderebene/anpassung-handlungsfeld-

tourismus.

---. „Handlungsfeld Wasser, Hochwasser- und Küstenschutz". *Umweltbundesamt*, 19.

November 2020, www.umweltbundesamt.de/themen/klima-energie/klimafol-

gen-anpassung/anpassung-an-den-klimawandel/anpassung-auf-laen-

derebene/anpassung-handlungsfeld-wasser-hochwasser.

ISB. „LehrplanPLUS - Realschule - 9 - Geographie - Fachlehrpläne". *ISB*, www.lehr-

planplus.bayern.de/fachlehrplan/realschule/9/geographie. Zugegriffen 11. Au-

gust 2021.

4. Anhang

M1 (YouTube-Video): https://www.youtube.com/embed/YAeTXvZwxEc

M2 (miroboard): https://miro.com/app/board/o9J_I73htnI=/

M3 (Materialien Gruppenarbeit (Links)):

Text 1: https://www.umweltbundesamt.de/sites/default/files/medien/364/publikatio-nen/uba_handbuch_gute_praxis_web-bf_0.pdf

Text 2: https://www.staedtetag.de/files/dst/docs/Publikationen/Weitere-Publika-tionen/2019/klimafolgenanpassung-staedte-handreichung-2019.pdf

Text 3: https://www.umweltbundesamt.de/themen/klima-energie/klimafolgen-anpas-sung/anpassung-an-den-klimawandel/anpassung-auf-laenderebene

Text 4: https://www.nachhaltigesbauen.de/themen/

Text 5: https://www.zdf.de/nachrichten/panorama/umwelt-bau-ressourcen-100.html

Video 1: https://www.br.de/mediathek/video/campus-doku-die-zukunft-des-bauens-av:5c9505834823a3001375af8c